园林景观手绘表现

Hand-painted Performance of Garden Landscape

刘红丹 / 著

辽宁美术出版社

图书在版编目（ＣＩＰ）数据

园林景观手绘表现．基础篇／刘红丹著．－－ 沈阳：
辽宁美术出版社，2013.6
ISBN 978-7-5314-5447-2

Ⅰ．①园… Ⅱ．①刘… Ⅲ．①景观－园林设计－绘画
技法 Ⅳ．①TU986.2

中国版本图书馆CIP数据核字(2013)第072870号

出 版 者：辽宁美术出版社
地　　 址：沈阳市和平区民族北街29号　邮编：110001
发 行 者：辽宁美术出版社
印 刷 者：沈阳旭日印刷有限公司
开　　 本：889mm×1194mm　1/12
印　　 张：9 $\frac{1}{3}$
字　　 数：150千字
出版时间：2013年6月第1版
印刷时间：2013年6月第1次印刷
责任编辑：王　楠
封面设计：彭伟哲
版式设计：王　楠
技术编辑：徐　杰　霍　磊
责任校对：李　昂
ISBN 978-7-5314-5447-2
定　　 价：60.00元

邮购部电话：024-83833008
E-mail:lnmscbs@163.com
http://www.lnmscbs.com
图书如有印装质量问题请与出版部联系调换
出版部电话：024-23835227

目　录

第一章　园林景观手绘表现的前期准备

第一节　笔类

一、线稿用笔

手绘线稿用笔有很多种，常用的有钢笔、针管笔和水性笔。

初学者建议用"晨光会议笔"。该笔为一次性水性笔，价格便宜，下水流畅，笔尖粗度0.5。

针管笔常用牌子有樱花、三菱、宝克等。

针管笔价格相对于水性笔贵，适合有一定基础的同学，绘画细节部分时使用，笔尖粗度有0.05、0.1、0.2、0.3、0.5、0.8等。

手绘钢笔，常用的有红环和LAMY等。如果画建筑类，建议用M号，稍粗一些。画园林景观建议用EF号，稍细一些，根据个人的喜好选择。

红环牌的钢笔，比较经济实惠。LAMY牌的钢笔价格相对来说比较贵，该笔外形色彩时尚，但价格不太适合学生使用。

水性笔（晨光会议笔）

针管笔（日本樱花牌）

手绘用笔

速写钢笔（LAMY）

速写钢笔（红环）

二、马克笔

马克笔又称麦克笔，通常用来快速表现设计构思以及设计效果图。能迅速地表达设计思想和设计效果，是当前最主要的设计绘图工具之一。

1．马克笔按照墨水类型分类

（1）油性马克笔耐水、耐光、干得快。色彩柔和，颜色可叠加，但不宜次数过多。

（2）水性马克笔不耐水，遇水晕开，有水彩的效果，颜色鲜艳透亮，有透明感，叠加处笔痕明显，但不宜多次叠加，否则颜色会变脏变灰，纸面容易起毛、破损。

（3）酒精马克笔耐水，快干，可在光滑表面书写，可用于绘图、书写、记号、pop广告等。酒精马克笔易挥发，使用后要盖紧笔帽。远离火源，防止日晒。

2．马克笔按照笔芯形状分类

（1）细头型（精细的描绘，特殊笔触）

（2）平口型（笔头扁宽，较硬，大面积着色及写大型字体）

（3）圆头型（笔头两端呈圆形，笔头较软，旋转笔头可画出粗细不同的线条）

（4）方尖型（有名刀型）

（5）软尖型（类似毛笔尖，能画出软笔的效果）

3．马克笔常用的产品种类

（1）美国AD单头尖，笔头的一端更尖一些，弹性也非常好且不易磨损，墨水充足。笔头整体比其他笔头宽，易于铺色。颜色鲜艳，饱和度、纯度都很高，且保存时间长，时间久了也不会褪色。

（2）日本美辉T8双头马克笔，色相准确，颜色明亮清透且纯，密封性好，溶剂为无毒环保优质酒精，无刺激。笔触浅，可重复叠色。

（3）韩国 Touch，双头尖，笔尖较硬，适合画笔触，正宗进口的颜色鲜艳、通透，明度、纯度都很高，灰色系也很齐全，颜色未干时可叠加，色彩自然融合。

（4）凡迪（FANDI），价格便宜，双头尖，笔尖较软，适合初学者。

4．初学者在用马克笔表现时，可以参考以下几点

（1）用笔时，笔尖紧贴纸面，与纸面形成45°角。排笔的时候用力均匀，两笔之间重叠的部分尽量一致。

（2）由于马克笔的覆盖能力很弱，所以建议先画浅色后画重色，注意整个画面的色彩和谐。

（3）颜色上可以夸张，凸显主体，使画面更有冲击力，吸引眼球。

（4）笔法上要有紧有松，有收有放，让画面看起来有张力，不小气，但不代表画面松散，可用排笔、点笔、跳笔、晕化、留白等多种表现方法。画面大多以排线为主，用线排成面，线条的疏密表现明暗；线条方向一般按照透视线走，使画面更具有立体感、空间感。

（5）除了晕化外，用笔的遍数不宜过多，第一遍颜色干透后，再进行第二遍上色，并要

马克笔（美辉）水性

马克笔（AD）油性

马克笔（美辉）油性

马克笔（Touch）油性

马克笔（凡迪）油性

快、准、稳。

（6）彩铅可作为马克笔的辅助工具，增加层次，过渡颜色，丰富色彩。

三、彩色铅笔

水溶的和蜡质的：水溶性的比较常用，特点是易溶于水，与水混合具有浸润感，画过之后可用毛笔蘸水融合画面，出现水彩的效果。

软质的和硬质的：软质的颜色比较深且鲜艳，上色较快，容易出现笔触感；硬质的颜色较浅，削得很尖的时候可以画出没有笔触、很柔和的面。

四、色粉笔

色粉笔也有很多品牌，大体可分为软质和硬质两种，软质可用来铺排大色，硬质的可做细致刻画，两种结合使用效果更佳。色粉笔画完的画面会粉粉的，局部可用手或纸卷擦蹭，增强画面效果，最后用定画液喷好、晾干。

第二节 图纸类

纸张是绘图必备的工具，绘图常见的纸张有绘图纸、马克纸、复印纸、草图纸、硫酸纸、彩色卡纸等。

其中绘图纸、马克纸、复印纸多用于绘制效果图，用针管笔、钢笔画线稿，马克笔彩铅上颜色。绘图纸常规尺寸是A2，多用于考研画快图用。

马克纸也是绘图纸的一种，相比普通绘图纸高档一些，质地紧密而强韧、无光泽、尘埃度小，具有优良的耐擦性、耐磨性、耐折性。好的马克纸用马克笔上颜色的时候不会晕纸，画面鲜亮，效果更好一些。

复印纸多用于画效果图，常用尺寸是A3，复印纸的品牌很多，挑选的时候，尽量选白一些的，用针管笔画在纸面上不会晕（如果用针管笔画就晕，那这种纸更不能用马克笔上颜色，会完全画不出效果），很多初学者也用复印纸当草稿纸来练习。

草图纸和硫酸纸多用于透稿（就是描图），一般都是画在

彩色铅笔

色粉笔

其他纸上，然后用硫酸纸蒙在上面，在拷贝时用的。硫酸纸的最大作用是可以晒图，在制图过程中可以用双面刀片刮去已绘制的图案进行修改。制图可以打印，也可以用专门的绘图笔绘图。也有用硫酸纸或草图纸上颜色的，效果也很好。

彩色卡纸不常用，但当需要绘制特别效果的效果图时也会用到，比如说，想画夜景效果图，就可以直接用油漆笔在黑色卡纸上绘制。

纸张的尺寸：

A0：841mm × 1189mm

A1：594mm × 841mm

A2：420mm × 594mm

A3：297mm × 420mm

A4：210mm × 297mm

绘图纸

马克纸

复印纸

草图纸

硫酸纸　　　　　　　　　　彩色卡纸

第三节　辅助工具类

比例尺、平行尺、曲线板、椭圆模板、圆模板、蛇形尺、直尺、三角板等都是常见的辅助绘图工具。

比例尺：比例尺是表示图上距离比实地距离缩小或扩大的程度，一般讲，大比例尺地图，内容详细，几何精度高，可用于图上测量；小比例尺地图，内容概括性强，不宜于进行图上测量。

用公式表示为：比例尺＝图上距离／实际距离。比例尺通常有三种表示方法。

（1）数字式，用数字的比例式或分数式表示比例尺的大小。例如地图上1厘米代表实地距离500千米，可写成：1：50,000,000，或写成：1/50,000,000。

（2）线段式，在地图上画一条线段，并注明地图上1厘米所代表的实际距离。

（3）文字式，在地图上用文字直接写出地图上1厘米代表实地距离多少千米，如：图上1厘米相当于地面距离500千米或五千万分之一。

平行尺：用来画平行线的。使用方法：先画一条直线，然后推动平行尺，使滚轮在纸面上平行移动到你需要的距离，再画出另一条直线，两条线平行。选择平行尺的时候，应选择贵一些的，精度高一些的。

曲线板：也称云形尺，绘图工具之一，是一种内外均为曲线边缘（常呈旋涡形）的薄板，用来绘制曲率半径不同的非圆自由曲线。曲线板一般采用木料、胶木或赛璐珞制成，大小不一，常无正反面之分，多用于服装设计、美术漫画等领域，也少量地用于工程制图。在漫画中，曲线板用于绘制背景和效果线，也用于描绘机械或物件。曲线板属于固定图案用尺，只能在上面寻找近似的曲线来参考绘制。多购买不同形态的曲线板有助于将常用曲线收集齐全。

在绘制曲线时，凑取板上与所拟绘曲线某一段相符的边缘，用笔沿该段边缘移动，即可绘出该段曲线。除曲线板外，

比例尺　　　　　　　平行尺　　　　　　　曲线板　　　　　　　椭圆模板

圆模板　　　　　　　蛇形尺　　　　　　　直尺　　　　　　　三角板

也可用由可塑性材料和柔性金属芯条制成的柔性曲线尺（通常称为蛇形尺）来绘制曲线。

曲线板的缺点在于没有标示刻度，不能用于曲线长度的测量。曲线板在使用一段时间之后，边缘会变得凹凸不平，这时候画出来的线会不够圆滑并破坏整个画面。

椭圆模板：能绘制出椭圆形的模具，在绘图过程中也是经常用到的。

圆模板：能绘制出圆形的模具，在绘图过程中也是经常用到的。

蛇形尺：又称蛇尺、自由曲线尺，绘图工具之一，是一根可在同一平面内任意扭动的橡胶制的尺子。在漫画中，使用蛇形尺可以自由塑造所需要的曲线。由于这种尺子是由橡胶制成的，所有边缘非常不光滑。在使用上，由于蛇形尺不带斜面，因此在使用时必须用其他物体垫高。蛇形尺不容易使用，可作为云形尺的替代。

直尺和三角板：在绘图纸上，直尺和三角板主要是用来画直线和折线的。

第二章　园林景观手绘表现的基本原理

第一节　透视

一、一点透视

　　建筑物由于它与画面间相对位置的变化，它的长、宽、高三组主要方向的轮廓线与画面可能平行，也可能不平行。

　　如果建筑物有两组主向轮廓线平行于画面，那么这两组轮廓线的透视就不会有灭点，而第三组轮廓线就必然垂直于画面，其灭点就是心点s，这样画出的透视称为一点透视。一点透视也叫平行透视，即物体向视平线上某一点消失。

二、两点透视

　　两点透视也叫成角透视，即物体向视平线上某两点消失。它是物体与画面形成一定的角度，物体的各个平行面朝不同的两个方向消失在视平线上，画面上有左右两个消失点的透视形式。

　　两点透视的特点：画面效果自由活泼，能反映出建筑体的正侧两面，容易表现建筑的体积感，在建筑室外徒手表现中应用较为广泛。

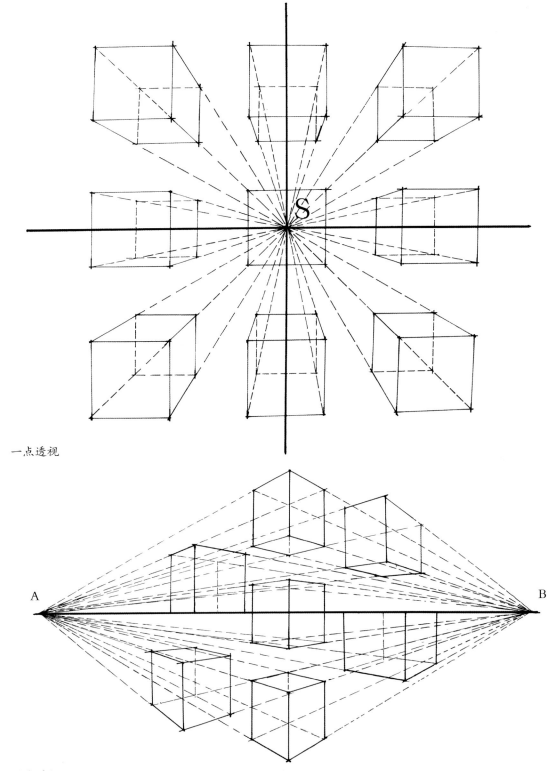

一点透视

两点透视

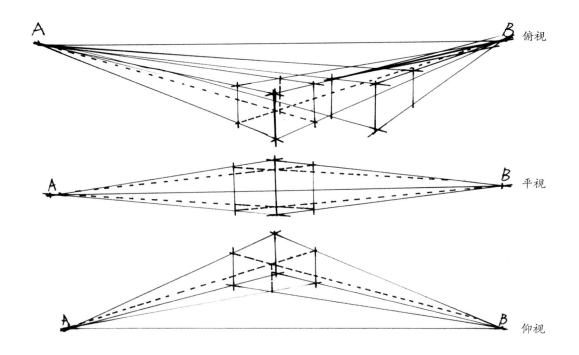

两点透视

三、透视在实际中的应用

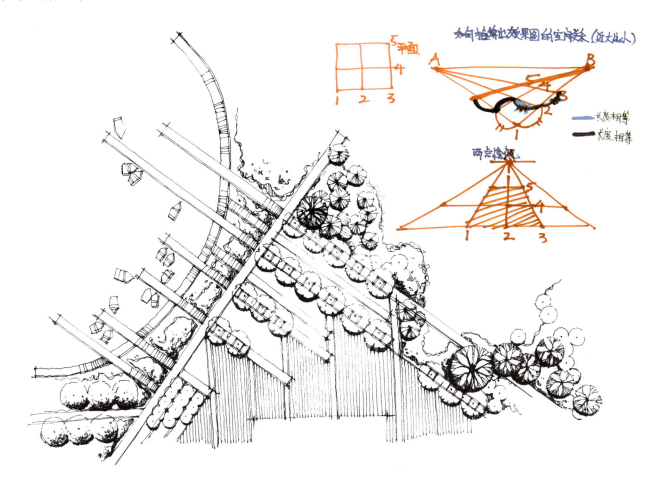

实际应用中的平面图

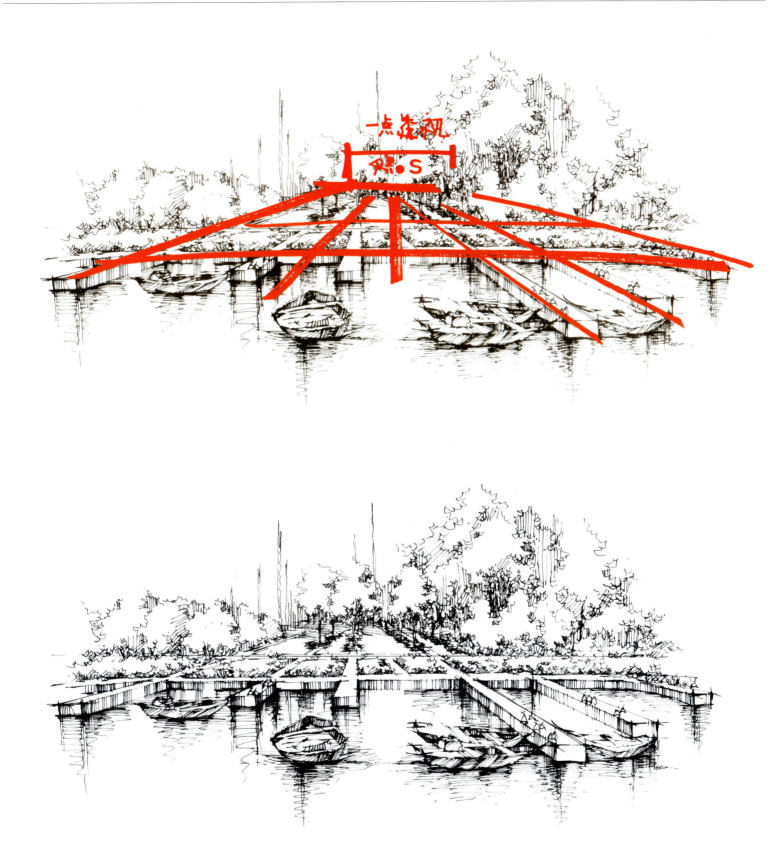

一点透视

照·S

实际应用中的一点透视

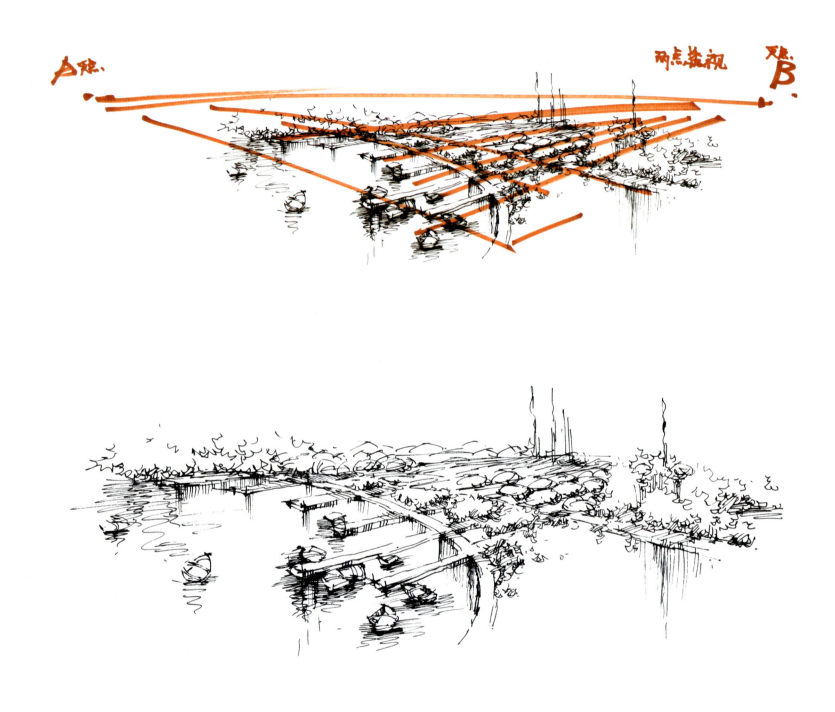

实际应用中的两点透视

景观手绘表现中还会用到散点透视。散点透视不同于焦点透视只描绘一只眼固定一个方向所见的景物，它的焦点不是一个而是多个。视点的组织方式并无焦点，而是有一群与画面同样宽的分散的视点群。画面与视点群之间，是无数与画面垂直的平行视线，形成画面的每个部分都是平视的效果。

第二节　线的应用

　　"线"是手绘表现的精髓所在、基础所在。"练线"是很多手绘初学者易忽视的一个重要环节。初学者应该抽出大量的时间，对线条进行练习。但是徒手表现不仅是一个机械的练习过程，而是需要将从事者的很多学科综合起来沉淀、概括，从而准确、精彩地表达出来。因此徒手表现相对于尺规作图更有难度，所以需要重点讨论徒手表现的学习方法以及在学习过程中容易发生的错误。

一、直线

　　直线的练习是初学者的入门课题。练习之前在工具的选择上，多选一些不掉色、出水流畅且笔头可以配合练习者画出不同线型的笔。

　　在画线时，手握画笔，小臂用力带动手腕画出线条，一般情况下，出笔速度越快，画出的线条越直，根据画面的需要，例如虚实关系、黑白灰关系等，需要对下笔力度加以控制，即控笔。控笔力度的掌握会随着练习量的积累、经验的增加而慢慢娴熟。

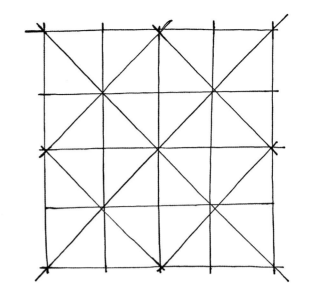

直线

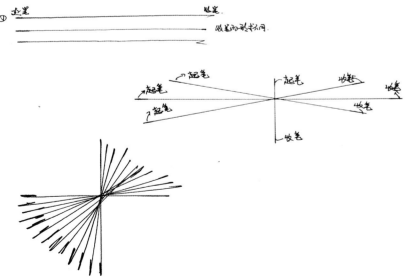

直线

直线在建筑中的应用

直线在建筑中的应用

二、曲线

曲线在徒手表现中较直线又提高了一个难度。它不仅需要初学者将物体快、准、狠地刻画出来，更需要带有一定的韵律和美感。

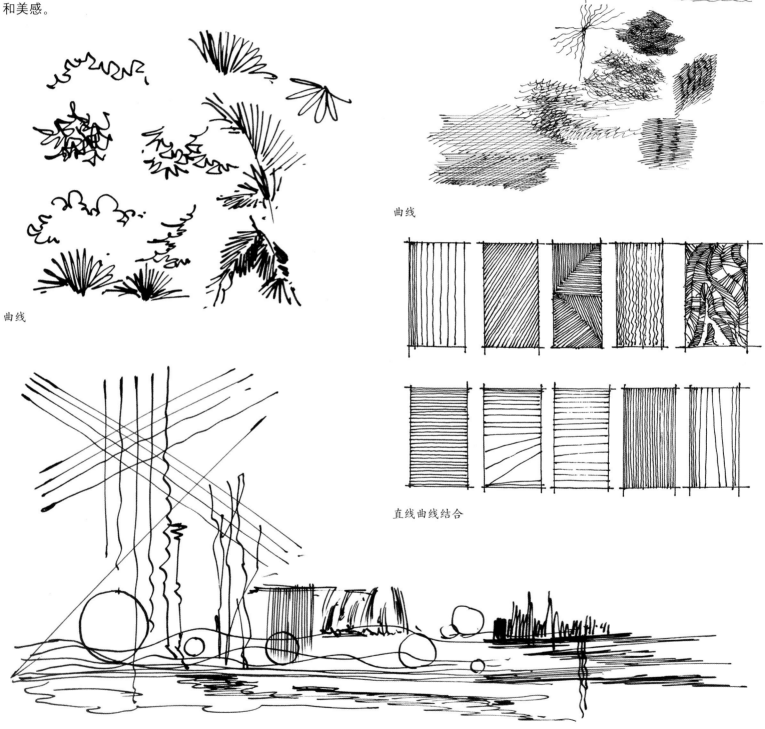

曲线

曲线

直线曲线结合

直线曲线结合

直线曲线在植物中的应用

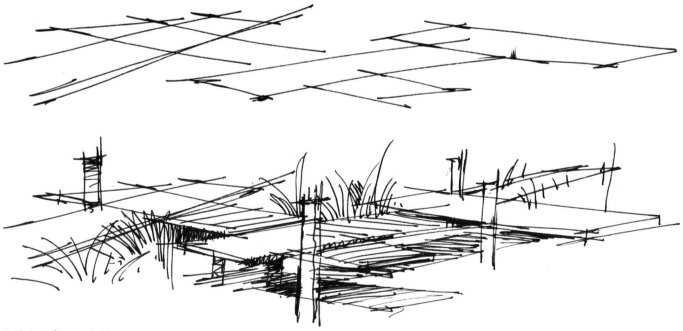

直线曲线在实景中的穿插与应用

第三节　构图与取景

一、常用构图形式

根据人眼的高度，即视平线确定地平线，使整个画面更适合人的视觉感受。

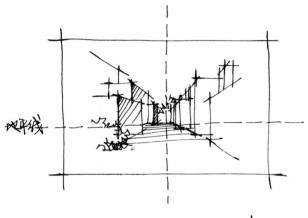

十字交叉
经典的一点透视，此种构图，使画面增加安全感、和平感、庄重及神秘感。
适合表现街区、古建筑、教堂等。

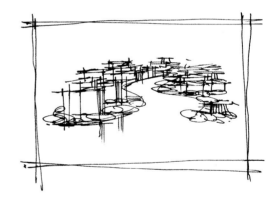

S形构图
体现曲线美感，动感效果强，动且稳，可通用于各种幅面的画面，根据表现对象来选择。适合于鸟瞰、俯视，如山川、河流、平原等自然的起伏变化。

A字形构图
具有极强的稳定感，向上的冲击力和强劲的视觉引导力，可表现高大的自然物、建筑物、雕塑等。

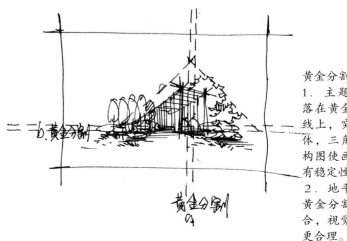

黄金分割
1. 主题景观落在黄金分割线上，突出主体，三角形的构图使画面具有稳定性。
2. 地平线与黄金分割线重合，视觉感受更合理。

二、错误构图分析

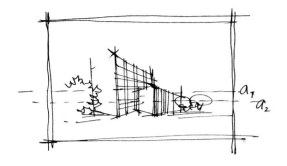

视平线错乱
错误一：一幅画里出现了两条视平线。
错误二：整体视角偏高，不在人的正常视觉范围之内。

画面太小
视觉感受不强烈。

错误一：主题景观太小，淹埋在植物当中。
错误二：整体构图呈现长方形，死板、呆板。

构图太偏

错误一：虽然是三角形构图，但是重心不稳，不仅没有稳定性，反而是左边轻、右边重，完全失衡。
错误二：构图整体偏上，缺少天空的空旷感。

构图偏上

画面太满
让人感到窒息，喘不过气。

构图偏下

第四节 色彩搭配

一、色彩形成

物体表面色彩的形成受三个方面的影响：光源的照射、物体本身反射一定的色光、环境与空间对物体的色彩。

光源色：由各种光源发出的光，光波的长短、强弱、比例性质的不同形成了不同的色光，称为光源色。

物体色：物体色本身不发光，它是光源色经过物体的吸收反射，反映到视觉中的光色感觉，我们把这些本身不发光的色彩统称为物体色。

色环

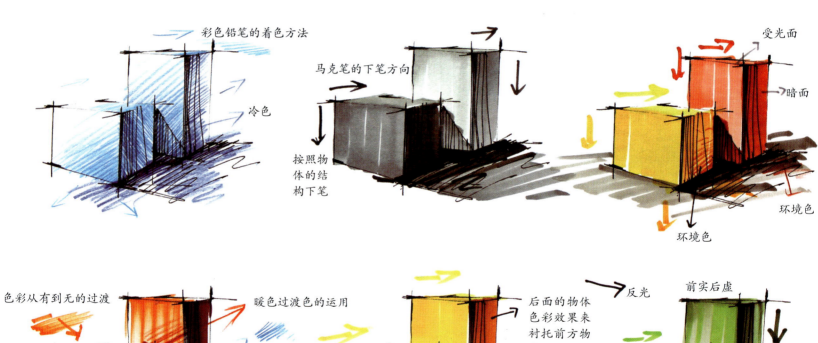

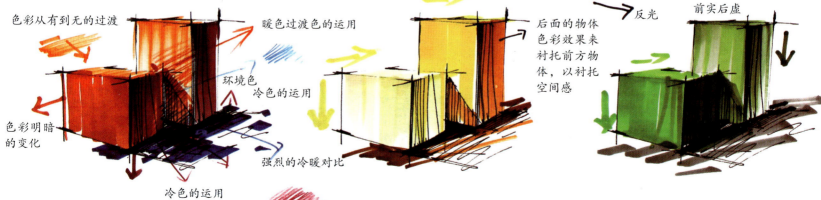

二、冷暖色

1．暖色

暖色由红色调组成，比如红色、橙色和黄色。它们给选择的颜色赋予温暖、舒适和活力，它们也产生了一种色彩向浏览者显示或移动，并从页面中突出来的可视化效果。

2．冷色

冷色来自于蓝色色调，譬如蓝色、青色和绿色。这些颜色将对色彩主题起到冷静的作用，它们看起来有一种从浏览者身上收回来的效果，于是它们用作页面的背景比较好。需要注明的是，你将发现在不同的书中，这些颜色组合有不同的名称。但是如果你能够理解这些基本原则，它们将对你的网页设计是十分有益的。

3．冷暖对比

由于色彩感觉的冷暖差别而形成的色彩对比，称为冷暖对比（红、橙、黄使人感觉温暖；蓝、蓝绿、蓝紫使人感觉寒冷；绿与紫介于其间）。另外，色彩的冷暖对比还受明度与纯度的影响，白色反射高而感觉冷，黑色吸收率高而感觉暖。

三、彩色铅笔和马克笔的运用

←通过控笔力度的大小，来区分色彩的轻重→

用色彩的冷暖关系来进行过渡　←暖，冷→

不同色系间冷暖色相互穿插，过渡

←红　　　蓝→

←黄　　　　　　绿→

同色系，通过对色彩轻重度（亮度）的把握来进行过渡

←重　　轻→

←重　　轻→

彩色铅笔笔触分析

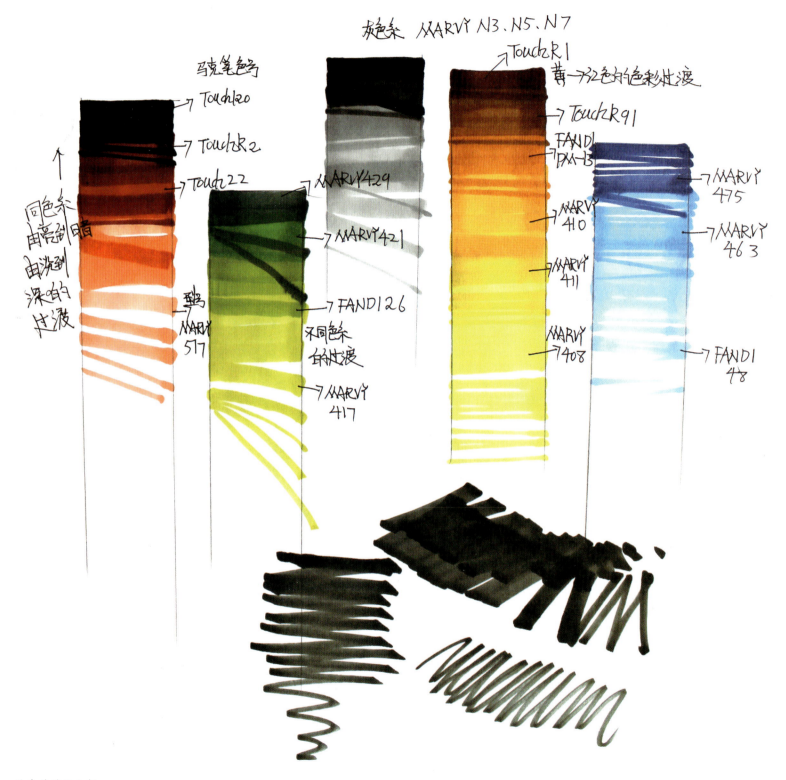

马克笔笔触分析

第三章　园林景观植物的表现

第一节　乔木

一、不同种类乔木的表现

1．树形：圆卵形

品种：香樟、国槐等。

画法：

(1) 用几何形体概况出树木的外形。

(2) 根据光影关系，找出明暗交界线。

(3) 找出树木的亮面与暗面。

(4) 根据叶片形状的不同，深入刻画树冠。

备注：

(1) 刻画树冠时要注意断笔。

(2) 亮面处，墨线可适当留白。

圆卵形

2．树形：扇形

品种：棕榈。

画法：

(1) 由线到面。

(2) 面与面的叠加。

备注：

(1) 注意叶面与叶面的叠加以及它们之间的相互关系。

(2) 注意叶的透视。

扇形

3．树形：伞状

品种：芭蕉等。

画法：

（1）刻画叶形。

（2）在暗处画上叶脉。

备注：

（1）注意叶形组合变化。

（2）暗部在根部（芭蕉）。

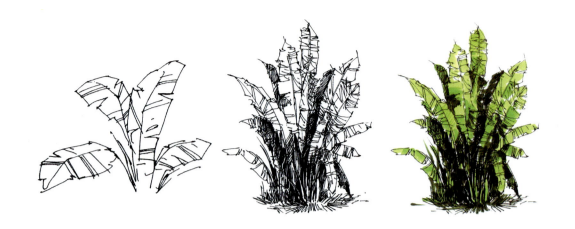

伞状

4．树形：放射状

品种：棕榈科植物，如椰子、铁树等。

画法：

（1）先画植物的枝干。

（2）按植物叶片的生长方向排线。

备注：

（1）注意叶脉的走向。

（2）最暗部应当在叶片根部角接触。

（3）注意叶片高光部分的留白。

放射状

5. 树形：尖塔形

品种：常见的如雪松、圆柏、罗汉松等。

画法：

（1）用几何形体、三角形或梯形勾勒出植物的树形。

（2）找出明暗交界线的部分。

（3）从暗面入手刻画枝叶，根据叶形的不同选择排线、折线、曲线去完成。

备注：

排线时在植物的高光部分注意将枝干留白。

尖塔形

二、孤植

概念：孤植树在园林造景中作为园林中的优型树，单独栽植时，称为孤植。孤植的树木，称之为孤植树。

用途：孤植树的主要功能是遮阴并作为观赏的主景以及建筑物的背景和侧景。

配置方式：孤植树并不等于只种一株树。有时为了构图需要，增强繁茂、茏葱、雄伟的感觉，常用两株或三株同一品种的树木紧密地种于一处，形成一个单元，给人们的感觉宛如一株多秆丛生的大树。这样的树，也被称为孤植树。

色叶树种、开花树种的马克笔表现

树种：樱花、榉树、黄山栾树、银杏等

画法：点画法、排线法，或者将两者结合。

使用3—5种颜色的马克笔来表现植物的层次、明暗关系。

（1）用中间调将植物底色铺好。

（2）暗部用深色马克笔加深。

（3）刻画中间调，丰富植物的光影关系和层次。

（4）亮部留白或用亮色表现。

备注：

（1）植物暗面的表现应较集中。

（2）植物层次过渡要自然，切忌将画面画"花"。

（3）植物枝叶与秆的连接处为暗面，要注意刻画。

着色步骤

三、丛植

概念：是指一株以上至十余株的树木，组合成一个整体结构。丛植可以形成极为自然的植物景观，它是利用植物进行园林造景的重要手段。一般丛植最多可由十五株大小不等的几种乔木和灌木（注：可以是同种或不同种植物）组成。

丛植与孤植的区别：丛植主要让人欣赏组合美、整体美，而不过多考虑各单株的形状色彩如何。

画法：点画法、排线法，或者将两者结合。

使用3-5种颜色的马克笔来表现植物的层次、明暗关系。

（1）用中间调将植物底色铺好。

（2）暗部用深色马克笔加深。

（3）刻画中间调，丰富植物的光影关系和层次。

（4）亮部留白或用亮色表现。

备注：

（1）植物暗面的表现应较集中。

（2）植物层次过渡要自然，切忌将画面画"花"。

（3）植物枝叶与杆的连接处为暗面，要注意刻画。

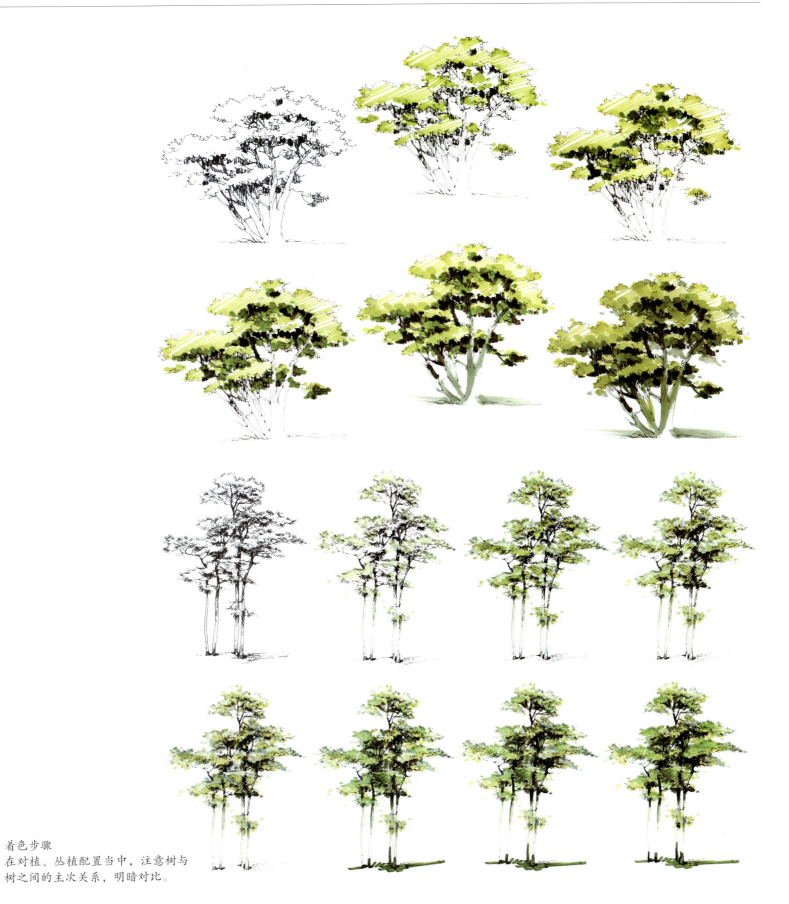

着色步骤

在对植、丛植配置当中，注意树与树之间的主次关系，明暗对比。

着色步骤
在表现两株或两株以上的树木时，要注意树冠与树冠交接的部位连接。

着色步骤
树木群体种植表现时应以整体考虑，从整体上把握大的明暗与层次关系，突出重点。亮度注意留白或用亮色排出带有明暗过渡的层次感。

第二节　地被

1．整形绿篱：品种如大叶黄杨、金森女贞、紫叶小檗等

画法：

（1）将整形绿篱抽象为几何形体——长方体。

（2）找出绿篱的明暗面。

（3）用排线的方式表现绿篱的暗面。

（4）用曲线表现叶形。

备注：排线从暗面到亮面应自然，疏密有度。

整形绿篱

2．地被花卉：品种如紫花地丁、马蹄金花、叶蔓长春等

画法与整形绿篱相通。

地被花卉

3．从景地被花卉：品种如紫花地丁、马蹄金花、叶蔓长春等，从景地被花卉主要起装饰作用

画法：

画完主景，为配合主景起装饰作用，可适当利用点、线结合的方法，勾勒出草坪等。

排线从暗面到亮面应自然，疏密有度。

从景地被花卉

第三节　乔木、灌木、草的组合形

1．配景

（1）要注意配景部分与树木的比例关系。

（2）配景亦少而精，为突出主景而服务。

2．步骤

步骤一：勾勒出主景雪松、配景石头地被等大体轮廓。

步骤二：线稿分出大体块面，进行细部刻画，注意黑白灰关系。

步骤三：上色，按雪松的自然生长形态，用排列短线来表现叶型，注意断笔、留白，按照画扇面的方式排列短线。

配景上色，用笔触简练地画出置石的明暗关系，置石后面

草叶的叠加关系，成丛成丛地画，草叶在表现时起笔应由下至上地画，体现出明暗过渡与叶的质感。

步骤四：上色，用排列短线的方法在雪松的暗面处通过线与线的叠加使树的整体更加饱满。画出树干部分，用短线排出树干的暗面阴影以及根据明暗交界线画出置石的暗面，丰富灌木球的冠形及置石旁草叶的层次。

第四章 园林景观配景的表现

第一节 水景的表现

　　水景在园林景观、建筑规划绘图表现中都是一个重要的环境。就设计而言，好的水景的利用，能提高整体设计的档次，而就绘图的表现技法而言，水景的表现更能成为一处画龙点睛之笔，使整个画面的内容更加丰富，引人入胜。

一、静态水景

　　静态水景中水体的动态较为静，主要包括湖面、泳池等。

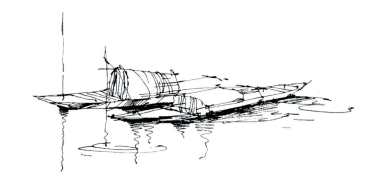

作者：刘思源
这幅图，主体物是船，水面作为配景，只需勾勒出船的倒影及简单的波纹即可。

作者：王妍（线稿图）
此图也是一幅较为经典的水系园林景观场景。建筑作为衬托背景，只需要交代出大致轮廓，前景处的铺装表现要注意透视准确，前景树木是两点，在处理好明暗关系的同时，注意树木枝干的表现；水景处需重点刻画植物和石头在水中的倒影。

作者：高阳（着色图）
水面的处理是重点，用水的基本色调铺整水面，笔触之间要留白，这样会使画面显得透气，不局促，然后用稍重些的颜色找出石头和河边植物的投影即可。

二、动态水景

动态水景主要包括叠水、喷泉、瀑布等。

作者：高阳（线稿图）　新加坡鱼尾狮喷泉

作者：刘红丹（着色图）　新加坡鱼尾狮喷泉

作者：刘红丹

本幅图中瀑布要注意水流的表现，木栈道的组合要注意透视，建筑的质感"如石砌饰面"要表现出来。注意椰子树与置石在水中的倒影。

三、水景的表现步骤

1. 静态水景——游泳池的表现步骤

步骤一：按照整体画面的透视关系和黑白灰关系勾勒出线条，注意用线稿表现铺装结构时，可以代表性地由画面的主体向周边过渡，通过对细节部分处理的精细度来区分。

步骤二：准确地将铺装和水面大的色彩表现出来，注意对铺装和水面冷暖色调的把握，铺装上色时，按照线稿的走向来运笔。刻画水面时，为了更好地将水面波光粼粼的感觉表现出来，可以将水面划分为若干个体面，每个体面之间可以留白。

步骤三：详细刻画，将水面和铺装的前后虚实关系，通过控制色彩的深浅度和明暗关系更好地刻画出来。

步骤四：用重色（可以用彩铅上色）将水面的暗部及铺装小的细节刻画出来，然后重新调整画面的黑白灰关系，可以用白漆笔把一些反光较强的地方提出来，但注意要细致，用笔不宜太粗糙。

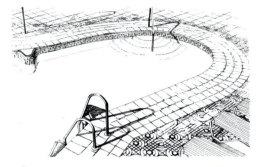

步骤一

步骤二

步骤三

步骤四

2．动态水景——喷泉的表现步骤

步骤一：用线条刻画整体画面，水体处可直接留白。

步骤二：将背景树木、中景水体、前景泳池花卉分别由亮处开始上色。

步骤三：进一步刻画每一处的主体关系，例如水流的体积感、前景花卉的体积感。

步骤四：重新调整整体画面的黑白灰以及色调的冷暖关系，背景树为了更好地衬托水流，暗面可以用黑色，而水流可以用白漆笔提亮。

步骤一

步骤二

步骤三

步骤四

3．动态水景——叠水的表现步骤

步骤一：勾勒出整体画面，流水处可留白，也可简单地画出流水的暗面线条，注意刻画叠水流入水池产生的波纹，调整好整体画面的黑白灰关系。

步骤二：大面积上出水体、植物的基本色调，注意流水暗面加深，亮面留白。

步骤三：进一步刻画配景植物的色彩明暗关系，对岩石和雕像进行刻画，注意明暗关系。

步骤四：继续丰富画面，植物和流水的高光可以用白漆笔提亮，继续深入刻画水体，水池阴影部分可以用黑色，与叠水水流高光的白色形成鲜明的对比，使画面更加精彩。

步骤五：进一步丰富画面，使水体更加完整，最后细节的刻画可以用彩色铅笔。

步骤一

步骤二

步骤三

步骤四

步骤五

第二节 天空的表现

在园林景观、建筑规划的手绘效果图表现当中，天空是一个重要的组成部分，它往往不会作为主体物出现，通常天空的刻画服务于主体物，为了衬托主体物而存在，但对于天空的刻画是必不可少的。

一张好的图画，就好比是一部精彩的影片，它有主演即主体物，有配角即配景，有表现风格即表现技法风格，有拍摄角度即如何取景构图。而天空就好比一部影片的配乐，它并非主演却能渲染气氛，能引人入胜，所以天空的表现，在整个图画中是至关重要的，因此在这一章节中，我们提取了几种常用天空的表现技法，并将绘图过程展现给大家，希望对大家有所帮助。

为了衬托主体的天空，在表现时可以靠色彩的冷暖关系使主体物更加突出。例如建筑物是暖色调，天空的色彩可以用冷色调，将主体物反衬出来，但色彩不要过于强烈，否则会出现喧宾夺主的效果；若建筑物是冷色调，天空的色彩可以用暖色调，即可以画出一些黄昏、日出时的色彩进行烘托。

画法一

步骤一：冷色调，先找出天空用色的基本色调（最浅色），用笔时注意下笔的力度，色彩要有深浅变化。

步骤二：用一个较深的色彩来丰富画面，即过渡色。在之前画好的基础上，用色彩进行叠加。

步骤三：用深色在建筑物边缘或天空的起笔处加重，使天空在笔触上看起来层次更加丰富。

步骤一

步骤二

步骤三

画法二

步骤一：找出天空的基本色调，将云朵处留白，随着云朵的走向用笔，排列色块。

步骤二：用一个较深的颜色，丰富层次。

步骤三：用更深的色彩，局部强调，进一步刻画。

画法三

一般用在快题快速表现中，优点是刻画速度快，笔触生动，表现力强；但缺乏细致度，刻画较为粗糙。

步骤一：选择需要用色的基本色调，围绕着主体物下笔，笔触一般带有小于45°的倾斜度，注意整体的天空，外形呈S形。

步骤二：用较深的色彩来丰富天空的层次，注意用笔笔触，与第一遍上色的笔触保持一致。

步骤三：用彩铅来丰富天空的层次。

步骤一

步骤二

步骤三

步骤一

步骤二

步骤三

画法四

步骤一：先用铅笔把云朵的大体形状勾画出来，注意云朵由近及远的体量变化（近大远小）。

步骤二：找出天空的基础色调，分别由下至上、由浅至深，将云朵留白，然后由浅色开始扫笔，为了能更好地推出天空的空间感，上色的时候，色彩的深浅过渡以及变化一定要控制好，按颜色的深浅变化排列。

步骤三：将云朵的体积感简要地刻画出来，选择一个区别于天空的颜色（但颜色要与基础色调协调），从云朵的明暗交界线开始刻画，按用色的深浅变化排列。

步骤四：强调云朵与天空的对比关系，从近处的云朵开始刻画，加深天空的颜色，使近景云彩更为突出，刻画云彩的细节，为了使它的体积感更为突出，可以用高光笔提亮云朵的亮部，用灰色刻画云朵的暗部。

步骤一

步骤二

步骤三

步骤四

画法五

适用于快题绘图、建筑速写等，为了丰富天空的层次和构图，一般画法较为简单，色彩单一。

步骤一：先用基本色调画云朵的外轮廓曲线（多用S形）。在轮廓线内排笔，注意留白。

步骤二：再用较深的颜色，进一步加强云朵的层次。

步骤一

步骤二

第三节 山石与地面铺装的表现

一、山石的表现

在画山石的时候，先用笔勾勒出山石的外轮廓（山石从外形上可分为圆滑型和不规则型），找出山石的明暗交界线，刻画山石的纹理等。根据明暗交界线，对山石深入刻画出受光面和背光面及投影（在处理明暗时，最好把处于暗部的，包括明暗交界线、暗面、反光和投影一起统一地来画，先统一为一体，然后再在明暗交界线等地方逐步加以强调，使之在统一中寻找变化，受光面可以留白）。如果是山石组合，注意大的明暗关系、前后虚实等变化。

作者：刘红丹
植物作为置石间的点缀，使画面富有生气。

作者：刘思源
草：分清草的前后关系，层次关系。
石头：像沙石比较圆滑，投影面比较小，处理好植物与水面的关系。

二、地面铺装的表现

1．木质铺装的表现步骤

步骤一：按照整体的透视关系，特别是木栈道的透视关系，配合整体黑白灰关系，勾勒出线稿。

步骤二：按照木栈道的基本色彩和透视关系上色，先上亮面的颜色，用草地的冷色调与之形成整体的对比。

步骤三：进一步刻画木栈道和草地山石的立体关系，在灰面和暗面上重色，丰富画面。

步骤四：用黑色及冷色调强化画面的对比关系。

步骤一

步骤三

步骤四

2．石质铺装的表现步骤

步骤一：按照近大远小的透视关系，将地面的石材勾勒出来，为了增强画面感，带有少许的配景，例如植物等。

步骤二：找出石块的基本色调，按照石头的走向进行上色，注意区别出石块中不同颜色石头与大面积石块形成的个体

差，丰富画面，同时刻画周围配景，由亮色开始着色。

步骤三：加强整体的黑白灰关系，进一步刻画配景的体积感。

步骤四：用重色将背景画出，目的是更好地刻画空间感，进一步丰富画面的色彩。

步骤一

步骤二

步骤三

步骤四

3. 砖铺装的表现步骤

步骤一

步骤二

步骤三

步骤四

第四节 人物的表现

相同一组人物在不同场景透视下的应用

1. 为近景人物，一般处在整个画面的前端，刻画时较为细致，能看出人物的动势、服饰细节。

2. 为次近景人物，一般处在整体画面的中前端，刻画时较粗犷，能看出人物动势、服饰的大体轮廓。

3. 为中景人物，一般处在整体画面的中后端，刻画时较随性，能看出人物动势，一般为点缀画面用。

4. 为远景人物，一般刻画在整体画面或透视的末端，刻画较少，一般作陪衬或点缀画面用。

当然根据画法和风格的不同，处理手法也不尽相同，不必拘泥。

简笔表现

人群表现

俯视表现

人物在场景中的表现

第五节 景观小品的表现

景观小品是景观中的点睛之笔，一般体量较小、色彩单纯，对空间起点缀作用。小品既具有实用功能又具有精神功能，包括建筑小品如雕塑、壁画、亭台、楼阁、牌坊等；生活设施小品如座椅、电话亭、邮箱、邮筒、垃圾桶等；道路实施小品如车站牌、街灯、防护栏、道路标志等。但目前在我国，景观小品常常被忽视其精神功能，粗制滥造，缺乏美感。其实，景观的总体效果是通过大量的细部艺术加以体现，好比给一个人化妆。如果他的眉毛化得不合适，那么就会影响整体妆容。因此，景观中的细部处理一定要做到位，因为在大的方面相差不大的情况下，一些细节更能体现出一个城市的文化素质和审美情趣。

步骤一

步骤二

步骤三

步骤四

作者：刘红丹

作者：刘红丹

作者：刘红丹 景观小品

第六节　建筑的表现

园林、景观、建筑、规划，几个行业之间本就有着密不可分、千丝万缕的联系，本着以人为本的理念，设计师们就当今社会比较主流的话题（生态，环保）而展开设计，建筑是一个单独的行业，但又存在于其他三者之间，可见建筑表现的重要性。

建筑的表现步骤

步骤一：按照透视和比例关系进行线条的刻画，注意用线不要过多，将物体的体积感、质感用黑白灰关系大体地刻画出来就好。

步骤二：将建筑、草地、树木的大体色调表现出来，注意刻画建筑外立面时笔触的走向。

步骤三：将建筑的暗部用色彩的明度和冷暖关系区别出来。

步骤四：刻画建筑、草地、树木的细节。

步骤五：将树木、草地、树木的投影关系表现出来，注意背景天空的刻画。

步骤一

步骤二

步骤三

步骤四

步骤五

作者：刘红双

作者：刘红双

作者：刘红丹

建筑速写，主要突出建筑本身的特点，如结构、质感等，用线条概括主要内容（本图中，需要突出的部分有建筑的屋顶结构、栏杆做法、建筑基底的处理）。切忌面面俱到，作为背景的树木要虚化，以突出主体建筑。

作者：刘红双

在较大场景表现中，要注意近景、中景和远景相互之间的关系，注意黑白灰三者的关系，一般情况下近景黑，中景留白（如图中的水面），远景灰，有时为突出主体建筑，也可采用近景留白（如前景树留白），中景黑，远景灰的处理手法。

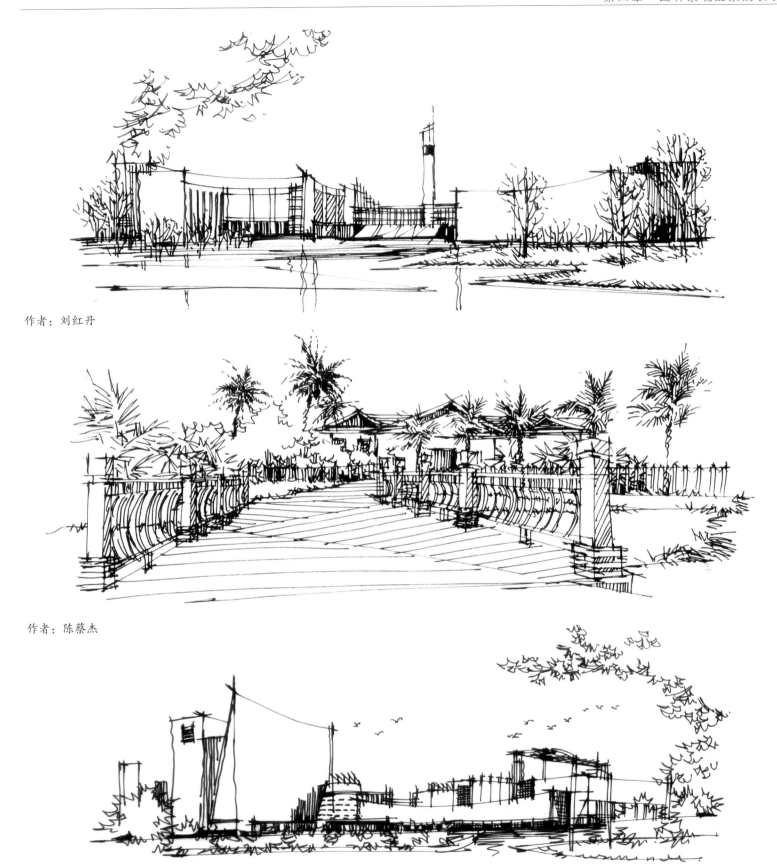

作者：刘红丹

作者：陈蔡杰

作者：刘红丹

作者：刘红丹　别墅

作者：刘红双 悉尼

第五章　手绘表现实景练习

第一节　园林景观手绘表现实景练习

一、园林景观手绘表现实景练习案例一

步骤一：用简单的线条勾画出物体位置，确定构图。

步骤二：进一步刻画近景石头和远景植物的暗部，确定明暗关系。

步骤三：着重表现画面近处的灌木丛，注意留白和线条的流畅并把握画面整体。对画面暗部进行刻画，突出整体画面的黑白灰关系，使画面空间感强烈，再加入水面的投影。

步骤四：上底色，注意用色"近鲜远灰"。

步骤五：色彩深入，注意绿色的深浅搭配，并点缀其他色彩，加入石块与水的亮部色彩。

步骤六：主色部分完成，注意天空和水颜色的深浅对比。

步骤一

步骤二

步骤三

步骤四

步骤五

步骤六

二、园林景观手绘表现实景练习案例二

步骤一：确定整体构图。

步骤二：从树的暗部入手开始刻画。

步骤三：进一步表现树叶的明暗关系以及树干纹理，并需要注意草地的留白。

步骤四：上底色，确定主色调为黄色。

步骤五：根据明暗关系，在暗部加入棕色，亮部色彩相对明快，并注意笔触的灵活多变。

步骤六：最后为了避免整张画面色彩过于暖色调，在暗部加入了冷色，使整体画面色调和谐。

步骤一

步骤二

步骤三

步骤四

步骤五

步骤六

三、园林景观手绘表现实景练习案例三

步骤一：确定构图，突出主体物位置。

步骤二：画出主体建筑水池的细节。

步骤三：深入刻画树叶，使画面有轻重之分，注意近处水池、石头的线条表现。

步骤四：上部分底色，用直接规整的线条画出木头的纹理。

步骤五：画出水体部分的浅色，注意线条走向，要与木头相区别。植物暗部的色彩，要根据植物叶子的生长走向来画。

步骤六：整体暗部加深。

步骤一

步骤二

步骤三

步骤四

步骤五

步骤六

作者：刘红丹
在这幅居住区游园的表现中，前景、中景、远景的人物表现突出了空间的层次感，注意不同铺装的表现方法，丰富地面空间能够形成亮点的地方，如前景置石、草坪灯、置石旁的植物配置。

在这幅画的色彩表现中，采用了大胆的红色调来表现黄昏的天空，而前景的大量植物则运用了相对较深的墨绿色调，需特别注意不同铺装的灰色调用色，细节灵活多变。

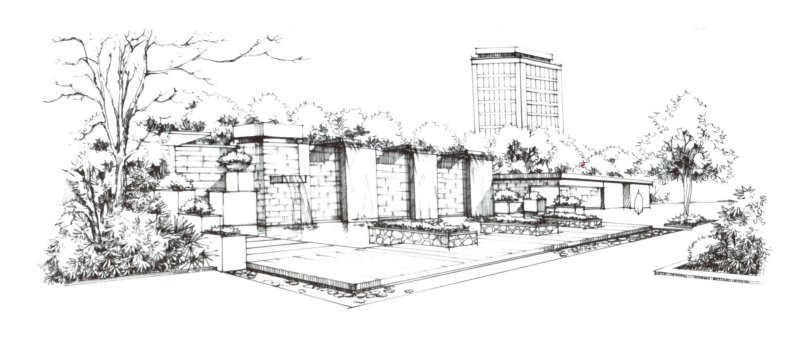

作者：李虎（线稿图）　小区水景景观
本幅图的主体是石质的景观小品，因此线稿较为整洁有力，包括树枝的刻画也几何感十足，注意植物相对较为轻松活泼的线条，也是乱中有序的。

作者：刘红丹（着色图）　小区水景景观
本幅图的色彩对比强烈，还用到了鲜花的红色与绿色的撞色，并配以橙色的铺装，整幅图特别夺人眼球，需注意远处楼房与天空的上色，要有一定留白，且色彩不宜过于艳丽，最后采用白漆笔提亮处理。

作者：霍源

本幅图的重点在于远近树木的不同处理，近处的树木重点在于树枝、树干，对树冠的处理运用白描勾画大体轮廓，远处的树着重表现明暗，另外，地面的铺装线条需注意透视关系，在对人物的表现上，注意远近人物大小的比例关系。

本幅图的上色，运用了大量的彩铅来表现细节的色彩过渡，红色调的树与远处蓝色调的天空运用了黄色作为过渡。

作者：高阳（线稿图）
本幅图有大量的不同形态的植物环绕，因此如何有侧重性地表现远近植物之间的关系成了主要问题，近景树勾勒细节的叶子、暗部阴影，远景树着重于树形的勾勒，另外石阶的线条也需注意疏密有致。

作者：刘红丹（着色图）
本幅图的上色运用很多的大笔触去表现植物的生长纹理，注意背景树的灰色调上色，让整个画面的黑白灰明确。

作者：李虎　公园
本幅图为公园入口的效果图，运用了
非常细致深入的刻画方式，在确保主
体铺装直线透视准确的基础上，还用
了大量规整的线条来表现植物、人、
小品，细节刻画尤为丰富。

在线稿如此细致的基础上，上色必
须注意不要过于杂乱，尤其是占画
面大块面积的路面铺装颜色，需要
尽可能的通透，远近景树的色彩变
化也是需要认真琢磨的。

作者：万良磊
　　小区水景桥的表现重点在于线条的透视关系准确，远景树作为画面的重色调，着重表现树干的变化。

画面色彩较多，需注意色彩之间的过渡与整体和谐，近处的水用简单的几笔概括出来，注意留白。

作者：刘红丹
本幅图的主体由大量的植物以及木栈道构成，硬朗的木头线条与随意的植物线条形成了强烈的对比，在刻画中需注意树干的深入，同时注意意留白给画面以透气感。

本幅图的色彩在主体物为高级灰的基础上挑出了局部鲜艳的色彩，使整个画面变得生动。

作者：李虎（线稿图）

作者：刘红丹（着色图）
灰色和亮色的搭配，使得整个画面光感十足，水和房子的冷暖对比，恰到好处。

第二节　建筑与规划手绘表现实景练习

一、现代建筑手绘表现实景练习

1．案例一

步骤一：确定构图和透视。

步骤二：用轻松随意的线条绘出建筑主体轮廓与地面上的汽车、人。

步骤三：深入表达黑白灰关系，用大量排线去表现阴暗，建筑物适当留白完成线稿。

步骤四：用大块又明亮的颜色进行上色，黄色使整个画面有很强烈的光感。

步骤一

步骤二

步骤三

步骤四

2．案例二

步骤一：用最简单直接的线条勾勒基础线稿。

步骤二：画出建筑物的结构与路面设施的轮廓关系。

步骤三：深入刻画，注意线条的轻松随意，乱中有序。

步骤四：建筑的上色不需要太满，在暗部深入的同时一些招牌等位置大胆地用鲜亮的色彩，使整个画面有色彩感。

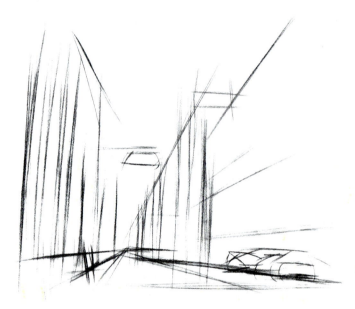

步骤一

步骤二

步骤三

步骤四

3. 案例三

作者：黄梦娇 学生作品

作者：李虎（线稿图）
南林香樟苑
画建筑的时候对线条的水平要求较高，需要定位准确并且笔触干净。

作者：刘红丹（着色图）
南林香樟苑
这幅图选择以彩铅上色，重点突出了店面招牌广告的颜色，而主体建筑则用一些环境色一扫带过。

作者：高阳
　　　南航10号楼
建筑线条很规整细
致，注意每一扇窗户
的表达。

彩铅的运用，以排线
的方法去铺色，整体
统一、细节色彩多变。

作者：高阳（线稿图） 巴士

作者：刘红丹（着色图） 巴士

作者：高阳（线稿图）　苏州火车站

这是建筑结构比较复杂的一类图，支架结构较为繁杂，画的时候需要画清透视与结构，线条尽量简洁准确。

作者：刘红丹（着色图）　苏州火车站

大量灰色的运用容易使整个画面颜色过灰，因此在天空的表达上需要下功夫。

作者：刘红丹　街景
小块图在构图上有了很大的发挥空间，近景的深入刻画也是这张图的
重点上色，注意大量灰色的运用与变化，在细节处找色彩。

作者：刘红丹　街景
这幅线稿需要注意地面的铺装与房顶铺装的变化表达，水的倒影要活
泼生动，不要画得过于死板。上色要注意在大量颜色变化的同时保持
整体画面的和谐统一，倒影在蓝色的主体色下要适量加入环境色。

作者：刘红双（线稿图）　南林后街
这幅线稿勾画了植物的轮廓，但在街景上也找出了各种值得深入去刻画的细节，如店面与人物。

作者：刘红丹（着色图）　南林后街
上色大胆但是整体色调和谐，红色的店铺颜色与大面积的绿色植物形成了很好的碰撞。

二、古典建筑手绘表现实景练习

框架式结构是中国古代建筑在建筑结构上最重要的一个特征。因为中国古代建筑主要是木构架结构，即采用木柱、木梁构成房屋的框架，屋顶与房檐的重量通过梁架传递到立柱上，墙壁只起隔断的作用，而不是承担房屋重量的结构部分。"墙倒屋不塌"这句古老的谚语，概括地指出了中国建筑这种框架结构最重要的特点。这种结构，可以使房屋在不同气候条件下，满足生活和生产所提出的千变万化的功能要求。同时，由于房屋的墙壁不负荷重量，门窗设置有极大的灵活性。此外，由这种框架式木结构形成了过去宫殿、寺庙及其他高级建筑才有的一种独特构件，即屋檐下的一束束的"斗拱"。它是由斗形木块和弓形的横木组成，纵横交错，逐层向外挑出，形成上大下小的托座。这种构件既有支撑荷载梁架的作用，又有装饰作用。只是到了明清以后，由于结构简化，将梁直接放在柱上，致使斗拱的结构作用几乎完

全消失，变成了几乎是纯粹的装饰品。

古典建筑不仅仅是技术科学，而且是一种艺术。中国古代建筑经过长时期的努力，同时吸收了中国其他传统艺术，特别是绘画、雕刻、工艺美术等造型艺术的特点，创造了丰富多彩的艺术形象，并在这方面形成了不少特点。

综上所述，在画古典建筑时，应依据以上结构特点、颜色特点进行绘画。

实景照片　南京宝船厂遗址

步骤一

步骤二

步骤三

步骤四

作者：高阳
南京朝天宫，棂星门

作者：高阳（线稿图）
　　　苏州文庙

作者：李虎（着色图）
　　　苏州文庙

作者：刘红丹（着色图）　南京江南贡院

作者：高阳（线稿图）　南京江南贡院

作者：陈蔡杰（着色图）　苏州北寺塔

作者：高阳（线稿图）　苏州北寺塔

三、规划类手绘表现实景练习

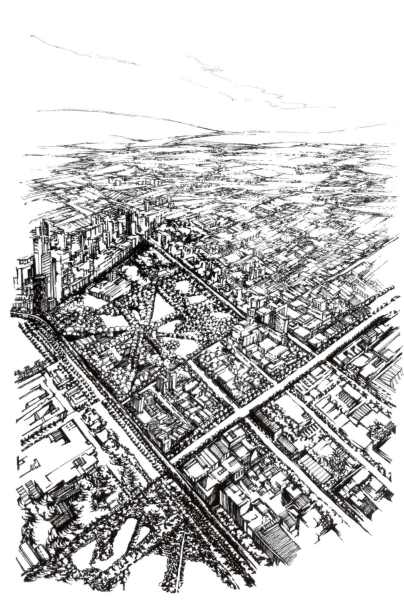

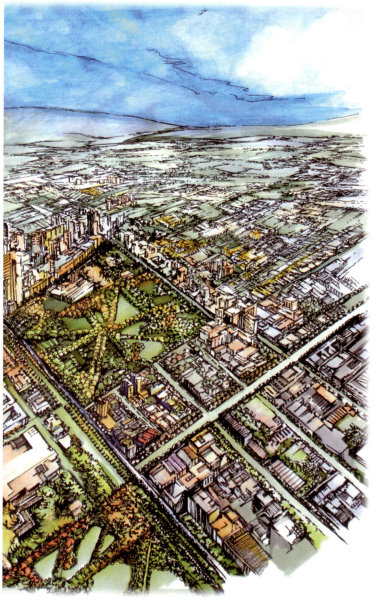

作者：刘红丹

鸟瞰图的绘图中需注意不同建筑与植物之间的取舍关系，主要表达清楚整体的布局规划、道路走向与建筑的高度比例，要适当留白，不应画得过满以免出现杂乱感。

这幅鸟瞰图的上色用色块来代替马克笔惯有的笔触感，使整个画面清新透亮，建筑用了很多高级灰，但是在细节处也不缺乏颜色变换。

作者：王樱默（线稿图）　学生作品
这幅表现大场景码头的线稿在细节方面有着很深刻的描绘，如近处的船只倒影以及远处的房子，在把握准透视关系的同时也要明确整体的明暗关系。

作者：刘红双（着色图）
这幅图的色彩表现在主体背景色的基础上用了很多相对较为鲜亮的颜色，使得整个画面颜色丰富，颇有看点，尤其在水和天空的处理上区分开
了偏蓝色调的水与偏青绿色的天空。

第六章　作品赏析

沧浪亭

长江大桥

龙井御茶

老图书馆

老校门旧址

灵隐古亭

牛首山

罗汉寺双塔

南林雪松路

平江路

西泠印社

秦淮河

山塘街

宋城

新图书馆

校园风景

樱花大道

音乐台

中山陵

总统府